MÉMOIRE SUR LES FOSSILES DU BAS DAUPHINÉ,

CONTENANT

Une description des Terres, Sables, Pierres, Roches composées, & généralement de toutes les couches qui les renferment.

Par M. D. G. Officier reformé.

Quoi donc, s'écrie Pyrrhon, ce petit caillou que j'apperçois au bord de ce ruisseau qui fuit en murmurant, tient à la nature entiere ?

Contemplation de la Nature.

A AVIGNON,

Chez FRANÇOIS SEGUIN, Impr. Lib. près la Place S. Didier.

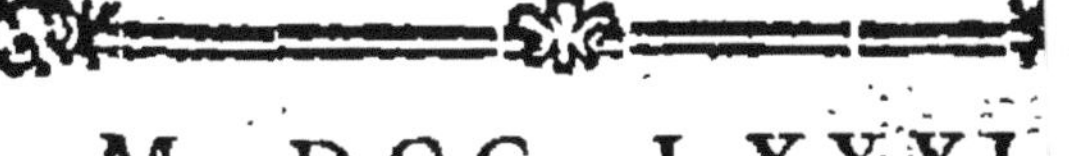

M. DCC. LXXXI.

Avec Permission des Supérieurs.

A MONSIEUR

DOMINIQUE AUDIBERT,

Membre de l'Académie de Marseille.

MONSIEUR,

VOUS réunissez à un cœur honnête & bienfaisant, un esprit sage & éclairé. Avec les connoissances que vous avez acquises dans les Sciences & dans tous les genres de Littérature, vous avez ennobli l'état le plus respectable & le plus utile à vos Concitoyens. Recevez à tous ces titres, ce premier essai de ma plume, & le témoignage public des sentimens d'estime & d'attachement avec lesquels je suis,

MONSIEUR,

Votre très-humble & très-obéissant serviteur,
D. G. Officier reformé.

AVERTISSEMENT
de l'Éditeur.

CE Mémoire n'a rien de commun avec celui qu'on trouve dans le ſeptieme Recueil de la Société Typographique de Bouillon 1778. & annoncé dans les Journaux Encyclopédiques du 15 Septembre de la même année, ſous ce titre : *Mémoire ſur les Foſſiles du Dauphiné.* Celui-ci eſt de M. Faujas de St. Fond : il ne roule que ſur des bois de Cerf Foſſiles trouvés dans les environs de Montelimar en Dauphiné.

L'Ouvrage que j'offre au Public eſt rédigé depuis plusieurs années : l'impreſſion n'en a été retardée que par un enchaînement de circonstances particulieres, dont il seroit inutile de rendre compte.

Si l'exactitude des faits & des descriptions est le principal mérite d'un Ouvrage de cette nature, ce Mémoire doit satisfaire les Amateurs de l'Histoire naturelle. Il paroit que l'Auteur s'est particuliérement attaché à lui imprimer ce caractere de netteté & de précision, qui convient également à la Nature, & à l'Auteur qui l'étudie.

MÉMOIRE SUR LES FOSSILES DU BAS DAUPHINÉ.

LEs Fossiles qu'on trouve si généralement répandus dans la terre, ont mérité la curiosité de tous les Philosophes : ils se sont principalement attachés à considérer leur analogie avec les productions de la mer, & la liaison qu'ils pourroient avoir avec les autres phénomenes de la nature. La plûpart ont eu recours aux hypotheses les plus singulieres, pour expliquer leur origine : mais il n'appartenoit qu'au ſiecle le plus éclairé, de prononcer d'une maniere ſatisfaiſante ſur une matiere auſſi épineuſe, & de fixer l'incertitude des différentes opinions, qu'elles avoient fait naître.

Depuis qu'on s'applique avec beaucoup de ſoins à l'étude de l'Oryctologie, les pierres, & particuliérement celles qui ont la forme de coquilles de toute eſpece, des madrépores, des cruſtacées qu'on trouve dans la mer, celles ſur leſquelles ſont empreintes des figures de poiſſons, les plantes tant marines que terreſtres, (qui ne ſont certainement point, comme l'a dit un Auteur célebre, de ſimples jeux de la nature, ni les ornements du bonnet des Pélerins, qui revenoient de St. Jacques) ont ſur-tout fixé l'attention des Naturaliſtes, parce que, de toutes les parties de l'Hiſtoire Naturelle, c'eſt ſans doute celle qui fournit le plus de recherches intéressantes. Elle présente en effet à l'ésprit l'idée d'une révolution étonnante, qui a changé la contexture primitive & extérieure du globe que nous habitons; mais dont le *comment* sera peut-être toujours ignoré, & l'époque très-difficile à déterminer.

La chûte de l'école Péripatéticienne a entraîné avec elle tous ces sistêmes extravagans, par le secours desquels on cherchoit à expliquer la formation des Fossiles en général; & l'on regarde aujourd'hui l'esprit Architeutonique, les idées sigillées, les vertus pratiquées, comme des rêveries dissipées par le génie de M. de Buffon.

Il y a une ressemblance si frappante entre les coquilles Fossiles, & les différents coquillages de la mer, qu'il est impossible de la méconnoître: même conformation extérieure, même pesanteur spécifique, même produit chymique. Aussi passe-t-il pour constant parmi les Physiciens éclairés, que les eaux de la mer, pendant leur séjour sur la partie du globe que nous habitons, ont successivement déposé les matieres, qui composent les différentes couches, dont toutes les montagnes sont formées, & qu'elles ont également entraîné les productions marines en tout genre, si universellement répandues dans la terre.

La singuliere conservation que j'ai remarquée dans les Fossiles & les pétrifications que présente le bas Dauphiné, la multiplicité des especes, leurs variétés, le goût que montre le Public pour cette partie de l'Histoire naturelle, m'ont déterminé à donner ce petit Catalogue. Ce n'est qu'une espece d'itinéraire des différentes courses que j'ai faites sur nos montagnes: son premier mérite sera de faciliter aux Naturalistes que la curiosité ou le desir de s'instruire, conduiront sur les lieux, le moyen de trouver eux-mêmes, & sans le secours d'un guide éclairé, (toujours difficile à rencontrer) les quartiers, & même les couches particulieres de nos montagnes, qui contiennent les morceaux les plus intéressans: & pour qu'on ne me taxe pas de prévention en faveur de mes découvertes, j'indiquerai les différents Cabinets, où l'on pourra voir une suite de tous les objets, dont il est question dans ce Mémoire. Bien éloigné en ceci, d'un très-grand nombre d'Écrivains qui, du fond de leur cabinet, ou sur des Mémoires presque toujours infidéles, nous ont donné des descriptions brillantes des Pays qu'ils n'avoient jamais visités. Auſſi la plûpart ſont-ils tombés dans les bévues les plus groſſieres.

Il ne ſuffit pas qu'un Ouvrage d'Hiſtoire naturelle ſoit bien écrit : il faut encore qu'il ſoit bien vu. Mais entre voir, & voir vrai, dit l'ingénieux Montaigne, il y a parfois diſtance de plus d'une lieue. Entiérement livré depuis ſept ou huit ans à l'étude de nos montagnes, y *furetant* ſans ceſſe, examinant avec l'attention la plus ſcrupuleuſe tous les lieux où m'ont conduit le deſir & la facilité de m'inſtruire ; peu d'objets ont dû échapper à mes regards avides. Si cet eſſai n'a pas le mérite d'être écrit avec cette élégance, cette magie de ſtile, qui enlevent tous les ſuffrages, du moins aura-t-il en ſa faveur la fidélité & l'exactitude des deſcriptions & des détails.

Qu'il me ſoit permis de le dire : rien ne contribueroit d'avantage aux progrès de l'Hiſtoire de la Nature, que l'Hiſtoire Naturelle de chaque Province du Royaume, en particulier. Le projet d'une Hiſtoire Naturelle univerſelle mérite ſans doute les plus grands éloges : mais la Nature, toujours enveloppée de voiles épais, ne découvre qu'inſenſiblement ſes tréſors. Si la vie d'un homme ne peut ſuffire à développer les propriétés d'un ſimple minéral, ou d'un végétal ; s'il meurt avant que d'être parvenu à épuiſer la Matiere, comment oſeroit-on ſe flatter de trouver une ſociété d'Écrivains, aſſez éclairés, aſſez inſtruits, pour donner l'Hiſtoire de tous les objets de l'Univers, faire connoître leurs propriétés, déterminer le rapport qu'ils ont entr'eux, & celui qu'ils pourroient avoir avec nous-mêmes?

Il ne s'agit point ici d'une ſimple compilation de faits hiſtoriques ; il faut marcher d'expérience en expérience, d'obſervation en obſervation, poſer des principes certains, & arriver à des réſultats qui en ſoient la ſuite & la conſéquence immédiates. *A force d'épier la Nature, on peut parvenir à deviner ſon ſecret.* Il faut encore que l'Obſervateur éclairé ait le courage de ſacrifier ſa propre gloire, & de conſacrer uniquement ſon travail & ſes veilles à la perfection de la Science elle-même (*a*)

(*a*) Le détail des faits hiſtoriques de chaque Province, doit paroître inſipide & minutieux aux yeux de tout homme de goût, lorſqu'il n'eſt préſenté que par des eſprits ſecs & arides. Ces Hiſtoires particulieres fourmillent néceſſairement de froides deſcriptions, qui ne peuvent avoir qu'un intérêt très-foible & très-borné : ce ne ſont que des matériaux pour le tableau général du Royaume. Mais l'Hiſtoire Naturelle de chaque Province offre des productions de toute eſpèce à décrire, des objets de comparaiſon, des variétés infi-

Un Académicien célébre, Auteur des Mémoires ſur les différentes parties des Arts & des Sciences, & M. Faujas de St. Fond, très-avantageuſement connu par ſon goût pour l'Hiſtoire Naturelle, & par divers Ouvrages, avoient commencé l'Hiſtoire Naturelle particuliere du Dauphiné. Que d'avantages les Habitans de cette Province n'auroient-ils pas retiré de leurs recherches & de leurs obſervations, ſoit relativement aux Arts & aux Sciences, ſoit par

---

nies. Chacune de ces productions peut avoir un caractere qui les diſtingue, ou des propriétés eſſentielles. On n'y retrouve point cette monotonie, cette ſécchereſſe ſi ordinaires dans les compilations d'événements & de faits. Il n'appartient qu'à ceux qui n'ont pas étudié la Nature en détail, & qui ne l'admirent que dans ſon enſemble, de dire froidement : cette étude eſt frivole : ce n'eſt qu'un objet de pure curioſité. Ils ne connoiſſent pas ſans doute les ſecours que l'Hiſtoire Naturelle procure aux Arts & aux Sciences.

rapport à l'économie rurale ? Ce n'eſt point du ſein de la Capitale, éloignés des lieux qu'ils vouloient décrire, que ces Savans devoient nous donner l'Hiſtoire des Animaux, des Végétaux, & des Minéraux particuliers à cette Province ; ils s'étoient eux-mêmes tranſportés ſur les montagnes les plus élevées du haut Dauphiné : ils avoient parcouru, meſuré, étudié, la partie des Alpes qui s'y prolonge ; aucun obſtacle n'avoit pu refroidir leur zele ; ils avoient tout vu, tout examiné, tout ſoumis à l'analyſe : cet Ouvrage auroit peut-être ſervi de modele aux Naturaliſtes, que le deſir d'être utiles à leurs Concitoyens auroit engagé dans la même carriere. Ils auroient pû tenter dans leurs Provinces ce que MM. Guettard & Faujas auroient exécuté dans le Dauphiné ; car rien n'eſt ſi puiſ-
ſant

ſant que l'exemple. (*a*) Malheureuſement le beau projet n'a pas eu encore ſon exécution.

On ne doit point s'attendre à trouver dans ce petit eſſai, cet ordre, ces méthodes ingénieuſes qu'ont ſuivi la plus grande partie des Naturaliſtes dans la claſſification des différentes ſubſtances qu'on retire du ſein de la terre.

(*a*) « La regle, dit M. le Chevalier de Jaucourt, (Encyclopédie, mot *Exemple*,) ne » s'exprime qu'en termes vagues, au lieu » que l'exemple fait naître des idées déterminées, & met la choſe ſous les yeux, que » les hommes croient beaucoup plus que les » oreilles. » Nous aurions grand beſoin d'exemple en Dauphiné. On y chercheroit en vain cette émulation qui crée les auteurs ; les eſprits y ſont naturellement engourdis : & tandis que tout le Royaume pullule d'Écrivains, notre Province eſt reſtée dans un état d'apathie, dont l'inſtitution d'une Bibliotheque publique & d'un Cabinet d'Hiſtoire Naturelle pourroient la retirer. Celle d'une Académie toujours utile aux progrès des connoiſſances humaines, acheveroit ſans doute ce que le premier établiſſement a commencé.

J'ai étudié les montagnes plus que les livres ; je décrirai comme j'ai vu ; je ſuivrai dans ce Catalogue l'ordre de mes courſes dans nos montagnes , ſans avoir égard aux différents genres , aux différentes familles ni aux différentes eſpeces qu'on trouve preſque toujours confondues enſemble ; je préſenterai donc ſous un même point de vue , en parlant d'un quartier particulier d'une montagne ou ſimplement d'une couche que j'aurai examinée , tous les objets qu'elle renferme ; cette marche me paroiſſant plus naturelle & moins embarraſſante.

On trouvera dans le Cabinet de M. Faujas de St. Fond & dans la ſuperbe Collection que M. de Marcheval , Intendant de cette Province , a eu la généroſité de joindre à la Bibliotheque publique de Grenoble , une ſuite preſque complette de tous les objets dont il eſt ici queſtion.

Il ſera donc très-facile aux Naturaliſtes de ſe convaincre, que je n'ai rien hazardé dans ce Mémoire ; & ils avoueront avec moi qu'il eſt peu de montagnes auſſi riches, auſſi variées, & auſſi intéreſſantes.

Avant que d'entrer dans aucun détail, je donnerai une deſcription générale de la montagne de Sainte Juſte & ſucceſſivement de celles qui l'avoiſinent. J'indiquerai ſeulement les changements locaux, dont je ferai une mention plus particuliere en décrivant (*a*) les différents Foſſiles & pétrifications de cette partie de la Province.

(*a*) La deſcription des productions de la Nature fait la baſe de ſon Hiſtoire. C'eſt le ſeul moyen de les faire connoître chacune en particulier, & de donner une idée de leur conformation. Encycl. Tom. 8. page 225. mot *Hiſtoire Naturelle.*

La montagne de Sainte Juſte, au midi de St. Paul-Trois-Châteaux, l'une des plus riches & des plus intéreſſantes par le nombre & la belle conſervation des Foſſiles & pétrifications qui y ſont répandues, peut avoir environ trois lieues de circonférence & trois cent toiſes d'élévation. Au levant & à la hauteur moyenne eſt bâti le village de St. Reſtitut. Au midi & un peu plus haut, le hameau de Chabrieres. A la même hauteur & à l'extrêmité de la montagne eſt ſitué le hameau de Bary, vis-à-vis de Bollene, petite Ville du Comté-Venaiſſin. Cette montagne, ainſi que celles des environs, eſt généralement formée par couches paralleles & horizontales. Les premieres qu'on apperçoit au pied de la montagne, ſont 1°. une couche fort étendue de pierres blanches, calcaires, d'un tiſſu lache, d'un grain aſſez fin, ſe diviſant en tout ſens & en muſſes irrégulieres, dans laquelle on trouve ſeulement quelques noyaux de Boucardites. 2°. Pluſieurs couches de ſable marin fort épaiſſes, colorées dans certains endroits en rouge, jaune ou brun. 3°. Une couche de roches compoſées par blocs conſidérables, dont le caractere général eſt d'être très-dures, de donner des étincelles, & de faire effervefcence avec les acides. Elles ſont formées par de petits grains de ſable vitrifiable du quartz, une quantité étonnante de corps marins détruits, briſés & confondus enſemble, parmi leſquels on diſtingue de petits peignes, des noyaux de moules, & des gloſſopétres, le tout uni & lié enſemble par un ſuc lapidifique & calcaire. 4°. Une couche de matieres calcaires, ſablonneuſes & argilleuſes, remplies de petites pierres arrondies formées de ces différentes substances. 5°. Une couche de pierres blanches calcaires d'un tissu lâche, d'un grain grossier, dont l'épaisseur connue est de plus de cinquante pieds, formée en entier par des corps marins détruits, & réunis ensemble par un gluten lapidifique. (*a*).

(*a*) Toute la terre calcaire qu'on trouve à la superficie du globe terrestre est formée, suivant l'opinion de M. de Buffon, par la décomposition de tous les insectes marins qui se construisent des niches pierreuses, & par les poissons testacées. Ce sentiment est établi sur les observations & les analyses chymiques les mieux faites.

M. Sage dans son Essai Docimastique, premiere Édition, dit que les animaux qui habitent & bâtissent eux-mêmes les coquilles & les coraux, sont composés d'une matiere huileuse & de terre absorbante ; (probablement elle n'est autre chose qu'une terre vitrifiable & élémentaire, mais qui en diffère essentiellement par les altérations que lui ont fait éprouver les corps organisés auxquels elle sert de base) qu'au moment de la putréfaction des substances animales, l'alcali volatil, & l'acide phosphorique, qui se dégagent,

Cette couche, l'une des plus curieuses que je connoisse, occupe toute l'étendue supérieure de la montagne: on y a ouvert plusieurs carrieres d'où l'on tire toutes les pierres taillées qu'on emploie dans les bâtiments de la Ville & des environs. Elle est fort tendre en sor-

venant à se combiner, avec une portion de la terre, il en résulte un sel, avec excès de terre absorbante ; qui est la vraie pierre calcaire.

L'étonnante quantité de matiere calcaire qu'on trouve si généralement répandue sur la terre, ne peut présenter une difficulté insoluble, qu'à ceux qui ignoreroient combien est rapide & prodigieuse la propagation des coquilles, mais sur-tout des coraux.

J'ai vu à la Martinique & à la Guadeloupe, & particuliérement à St. Domingue, des tas de madrépores de toute espece, de 150 pas de longueur, sur une hauteur & épaisseur fort considérables, qui avoient été arrachés du fond de la mer. Un grand nombre de maisons du Cap-François en sont construites. J'ai été curieux de visiter les bas-fonds d'où l'on retire ces productions singulieres. Ils en sont entiérement tapissés. Les ouvriers occupés à les arracher, m'ont tous assuré qu'elles étoient remplacées par de nouvelles, dans l'espace de deux ou trois ans.

tant de la carriere, mais elle durcit à l'air. Dans une étendue de plus de deux cent toiſes, d'où l'on retire depuis un tems immémorial une quantité prodigieuſe de quartiers de pierre, on ne trouveroit pas une gerſure où l'on pût faire paſſer la lame d'un couteau. Il ſuffit d'obſerver cette pierre avec un peu d'attention, pour y reconnoître la ſubſtance des Coquilles ou des Coraux. Il n'eſt même pas rare d'y trouver des Coquilles Foſſiles de différentes familles encore très-bien conſervées. Mais il eſt difficile de les en retirer parfaitement entieres. Elle eſt recouverte par une couche de terre végétale épaiſſe & cultivée. Enfin la montagne eſt terminée par une petite élévation compoſée d'un banc de ſable griſâtre, dans lequel on rencontre une couche de pierre arenacée fort tendre, & beaucoup de

galets

galets ou cailloux roulés qui donnent des étincelles.

J'ai dit, page 20, que le village de St. Restitut étoit situé au levant & à la hauteur moyenne de la montagne de Ste. Juste. Arrivé à la hauteur du village, à gauche du chemin qui y conduit, au nord de la Chapelle du St. Sépulchre, entre deux bancs de roches composées, on trouve une couche de cailloux roulés qui sous une écorce grossiere, verdâtre ou noirâtre, présente dans sa fracture qui est luisante, un grain fin & serré, des couleurs vives & variées qui les rapprochent de la nature des agates. Ils sont mêlés avec un sable marin, dans lequel on trouve une très-grande quantité de petites glossopêtres dont les formes varient. Les unes sont en pyramides très-comprimées à bords minces & tranchants, à base p ate ou fourchue ; les autres ſont en cones plus ou moins droits, à côtés arrondis & terminées par une pointe obtuſe. Elles ſont recouvertes d'une croute très-mince & luiſante, griſe ou jaunâtre. Le noyau eſt un aſſemblage de filamens fibreux & oſſeux, entiérement analogue à la ſubſtance des os.

Au midi de la montagne après avoir depaſſé le Village, on trouve entre deux couches de pierres arenacées, plus ou moins friables en certains endroits, une couche d'ourſins poſés avec ordre les uns ſur les autres de la plus belle conſervation. Ils ſont entiérement blancs & très-minces, n'ayant que quatre lignes d'épaiſſeur au centre, & un quart de ligne ſur le bord ; l'anus & la bouche ſont placés ſur la face la plus applatie ; la bouche au centre, où viennent ſe terminer cinq petits enfoncemens en bandes qui marquent la division des lobes dont la coquille est composée, réunies ensemble par des engrenures, qui rentrent exactement les unes dans les autres. L'anus est parfaitement rond, très-petit & placé à une ligne du bord. Au centre de la face convexe on voit la figure d'une très-petite étoile à cinq rayons, marqués d'un point, à chaque extrêmité de l'angle desquels partent cinq doubles rangs de petits trous qui en s'élargissant en ligne courbe & venant se réunir à un demi-pouce de la circonférence, forment la figure d'une fleur à cinq pétales bien dessinée. Le test de cet oursin est entiérement semé de petits cercles, au centre desquels on découvre un petit mamelon presque imperceptible, auquel est adhérente une très-petite pointe cilindrique lisse, courte & terminée par une pointe fort aigue, qui s'en sépare dès que l'animal cesse de vivre ; l'analogue se trouve au banc de Terre-Neuve.

A cent pas de là, vers le levant, parallélement à la même couche, on trouve une autre espece d'oursins également bien conservés. Ils sont ovales dans leurs contours & l'une des extrêmités est un peu moins arrondie que l'autre. la face supérieure est relevée hémisphériquement ; l'inférieure est concave. C'est sur celle-ci que se trouvent placés la bouche & l'anus, & cinq petits enfoncemens qui naissent vers la circonférence de l'oursin, & se terminent après s'être approfondis au tour de la bouche, qui est grande, ovale, & dont l'une des levres est un peu plus relevée que l'autre. L'anus qui est également ovale & assez grand, est placé tout-à-fait vers l'extrêmité la moins arrondie. Du centre de la face convexe partent cinq doubles rangs de petits trous qui en s'élargissant & se rapprochant ensuite vers la circonférence, en décrivant une ligne courbe, forment la figure d'une fleur à cinq pétales. Les deux faces sont entiérement recouvertes de petits cercles en creux, au centre desquels s'éleve un très-petit mamelon, auquel est attachee par un muscle une petite pointe très-mince cilindrique & fort aigue lorsque l'animal est encore en vie. C'est, je pense, l'echinite fibulaire de quelques Auteurs.

Un peu plus bas, on rencontre un banc de gravier très-menu & vitrescible, avec lequel est mêlée une grande quantité de très-petites glossopêtres, dont les unes sont faites en pyramides comprimées & à base fourchue ; les autres sont coniques. Elles ſont d'une ſuperbe conſervation & d'un beau luiſant. On y trouve auſſi des buffonites, eſpece de gloſſopêtres orbiculaires faites en forme de verre de montre, & qui ont conſervé le poli de l'émail : elles reſſemblent aux yeux de ſerpent dont elles ont ſouvent pris le nom.

A cinquante pas de là dans une couche d'argile bleuâtre, compoſée de parties groſſieres, mêlées d'un peu de ſable très-fin & luiſant, on trouve de petites coquilles foſſiles d'une eſpece d'huître, très-minces, orbiculaires & formées par feuillets. Des griphites à bec recourbé en dedans ; quelques articulations de madrepores étoilés & des fragments de dentales.

En tournant la montagne du levant au midi, la chûte des eaux ſupérieure a creuſé un ravin profond au bas de la montagne, &

laissé à découvert un banc de sable très-blanc, d'une demi-transparence. Il s'y forme de petites boules qui différent dans leur grosseur depuis six lignes de diametre jusqu'à trois pouces composées du même sable, réunies & liées ensemble par un gluten lapidifique. Elles forment une espece de poudingue en masse solide.

En remontant près du hameau de Chabrieres, au-dessous d'une tour en ruines, dans une couche de pierre calcaire blanche, d'un tissu extrêmement lâche, on voit 1°. des peignes à grandes canellures & à petites stries longitudinales; la valve supérieure est concave ou plate, l'inférieure est convexe. 2°. Une seconde espece de petits peignes ronds dans leurs contours, dont les deux valves sont également relevées, canellées & striées. Ils ont deux oreilles égales, & sont ſouvent couverts de groupes nombreux de glands de mer de la petite eſpece. 3°. On y trouve encore des balanites très-petits à bouche ronde d'une conſervation admirable, & d'une fraîcheur unique. Les différentes lames qui compoſent cette coquille multivalve, ſont marquées de petites ſtries longitudinales. Ils ont conſervé une teinte légere de la couleur rouge dont ils ſont ordinairement colorés. Réunis en groupes nombreux & ordinairement adhérents à des noyaux de vis, de buccin, de rouleaux, de peignes ou de madreporites, ils produiſent un effet pittoreſque par la ſingularité de leur arrangement. 4°. Des echinites fibulaires décrits ci-devant. Mr. de Marcheval, Intendant de cette Province, en a un dans ſon Cabinet, ſur lequel s'eſt attaché un groupe de ces petits balanites. 5°. Une autre espece d'oursin, dont la face la plus élevée est partagée en cinq découpures profondes : celle du milieu est plus grande que les autres, terminée à l'extrêmité la moins arrondie de l'oursin, elle y forme un enfoncement profond. Ces cinq découpures ou lacunes, sont garnies intérieurement par un double rang de petits trous qui suivent la même direction : une espece de zone en zigzag entoure ces lacunes. La bouche & l'anus sont placés sur la face la plus applatie ; la bouche au centre, elle est grande & ovale ; la levre postérieure est beaucoup plus relevée que l'antérieure ; l'anus est placé à l'extrêmité la moins arrondie de l'oursin où vient aboutir la grande découpure supérieure. Les deux faces sont semées de petits mamelons auxquels sont adhérentes les pointes de cet oursin, lorsque l'animal eſt vivant. L'analogue ſe trouve dans la Méditerranée.

Au-deſſous de cet endroit en ſe rapprochant du hameau de Bary à la hauteur moyenne de la montagne, on trouve pluſieurs couches de grais fort étendues, le grain en eſt groſſier. On y voit une quantité étonnante de madrepores étoilés, tubulaires, en maſſes ſolides, des meandrites, des fongites &c. d'où il eſt impoſſible de les retirer. Je ne décrirai pas toutes les eſpeces, parce qu'elles ſont trop communes. Mais il en eſt une qui ſe fait remarquer par une forme particuliere. C'eſt une eſpece de madreporite balanite à grands tuyaux creux cylindriques; la partie ſupérieure eſt plus grande que l'inférieure; la longueur des tuyaux eſt de cinq à ſix pouces; il y a dans le contour de la bouche trois évaſemens arrondis intérieurement, évasés extérieurement & qui se correspondent ; ils sont réunis en groupes nombreux dans des blocs de grais qui leur sert comme de matrice. Il y a encore dans le même grais des rouleaux du genre de ceux qui ont la bouche fort allongée. J'en ai envoyé un beau groupe de cinq à Mr. Faujas de saint Fond, qu'on pourra voir dans son Cabinet. Ce n'est point seulement un simple noyau qui se seroit moulé dans la coquille & en auroit reçu la forme & les contours, c'est la coquille elle-même si parfaitement pétrifiée qu'elle donne des étincelles, quoique le grais auquel ils sont attachés fasse effervescence avec les acides : expérience que j'ai renouvellée sur toutes les pétrifications qui se trouvent dans cet endroit & qui m'ont constamment donné le même résultat.

On trouve encore dans le même endroit 1°. des ſtrombites ou vis contournés en pluſieurs ſpirales & tous poſés parallélement à la pierre à laquelle ils ſont fortement attachés. 2°. L'oſtracite ou coquille d'huître ſillonnée, oblongue & raboteuſe. 3°. Enfin quelques cornes d'ammon liſſes, à petites ſtries. Quelques noyaux nautiles, chambrés & des cames.

En remontant vers le hameau de Bary on voit dans différentes couches de pierres arenacées, des glands de mer ou balanites d'une groſſeur prodigieuſe, d'une beauté & d'une conſervation uniques. Ils ſont compoſés de douze pieces d'autant plus diſtinctes les unes des autres, que celles qui ſont faillantes, ſont ſtriées longitudinalement & terminées en pointe vers le haut ; au lieu que les autres ſont ſtriées circulairement, larges par le haut & pointues vers leurs extrêmités. Mr. Faujas de Saint-Fond en possede un groupe de huit de la plus grande beauté ; j'en ai aussi un d'une grosseur monstrueuse, attaché sur la valve inférieure d'une coquille d'huître-Fossile.

A deux cent pas de-là dans une couche de sable jaunâtre, j'ai découvert des restes du squelette d'un animal quadrupéde. Le volume des os qui sont totalement pétrifiés, m'a fait croire que l'espece à laquelle ils appartiennent, n'est point de notre contirient. Je donnerai un Catalogue particulier de tous ceux que j'ai découverts, soit dans cette partie de la montagne de Ste Juste, soit dans les autres.

Au-dessus de Bary au pied de la montagne on rencontre un banc de sablon de couleur grisâtre couvert d'une prodigieuse quantité de coquilles d'huîtres-Fossiles. Elles ſont de la petite eſpece, allongées, orbiculaires ou repliées en mille formes différentes, ce qui leur donne les figures les plus bizarres ; elles ſont de l'eſpece des huîtres paraſites ; on en trouve qui ſont adhérentes à des pierres ou à des corps étrangers. Il arrive ſouvent que pluſieurs ſont réunis enſemble, & qu'il s'y eſt même attaché des glands de mer de la petite eſpece très-bien conſervés : ces coquilles ſont abſolument Foſſiles & n'ont eſſuyé aucune altération ſenſible ; l'analogue eſt très-commun ſur les côtes de Provence.

En parcourant la partie de la montagne ſituée au couchant, j'ai découvert 1°. pluſieurs eſpeces de noyaux formés dans les coquilles de la famille des buccins, ſur leſquels ſe ſont formées des cryſtalliſations ſpathiques. 2°. Des noyaux de cornes d'ammon fort grands ;

très-comprimés, à ſtries ſimples & entiérement herboriſées. 3°. Des cames ; dont la ſubſtance primitive de la coquille eſt entiérement changée en ſpath cryſtalliſé en rayons perpendiculaires. 4°. Des ourſins ovales dans leurs contours, tronqués vers l'une des extrêmités, ayant le dos relevé hémiſphériquement, ſur lequel ſont marquées quatre lacunes peu profondes accompagnées de deux doubles rangs chacune de petits trous qui forment tous enſemble, la figure d'une fleur à quatre feuilles. 5°. Dans une couche particuliere de pierres calcaires jaunâtres, légérement ſablonneuſes, en petites maſſes irrégulieres, on trouve des noyaux de cames de la famille des pétoncles ſur leſquels ſe ſont formés des cryſtaux de ſpath. 6°. Un bois parfaitement agatiſé.

Au nord de la même montagne

de Ste. Juſte on trouve une quantité étonnante d'os pétrifiés dont je rendrai compte à la fin de ce Mémoire.

Au levant on trouvera dans une couche de pierre blanche calcaire & friable, 1°. une quantité étonnante de petits peignes, munis de deux oreilles d'égale grandeur, canellés & ſtriés longitudinalement. 2°. Des groupes nombreux de grands balanites. 3°. Des échinites fibulaires. 4°. Des ourſins très-grands, parfaitement ronds dans leurs contours : la face ſupérieure eſt relevée hémiſphériquement & marquée d'une fleur à cinq pétales formée par un aſſemblage de cinq rangs de petits trous : la face inférieure eſt convexe. Au centre eſt ſituée la bouche, l'anus eſt placé tout-à-fait ſur le bord. Ils différent eſſentiellement de ceux que j'ai déja décrits, par leur forme me ronde & hémiſphérique & par la figure de la fleur ſaillante dont ils ſont marqués. 5°. Des ourſins en forme de cœur convexes d'un côté, très-applatis de l'autre, remarquables en ce que la bouche eſt au centre de la face convexe, d'où partent quatre doubles rangs de petits trous qui en ſe réuniſſant forment la figure d'une fleur ſaillante en forme de croix. L'anus eſt placé ſur la face la plus applatie, tout-à-fait ſur le bord de la partie la plus allongée. Le teſt de cet ourſin eſt diviſé en bandes en zigzag, marquées par de très-petits mamelons.

Sur le haut de la même montagne, dans le chemin qui conduit au village de St. Reſtitut, à la carriere dont j'ai fait mention, page 20, on trouve de petits ourſins miliaires, d'une jolie conſervation, de forme hémiſphérique, diviſés en cinq compartimens, ſemés de petits mamelons ; la bouche ſituée ſur la face la plus applatie, eſt diamétralement & perpendiculairement oppoſée à l'anus.

A quelques pas de-là, les champs ſont ſemés de fragmens de peignes à deux oreilles, & à grandes cannelures.

Un peu plus loin on rencontre une couche d'environ un pied & demi d'épaiſſeur, entiérement formée par des noyaux de moules, fortement aglutinés enſemble ; au-deſſous dans une couche de marne blanchâtre légérement ſablonneuſe, on trouve quelques petits glands de mer très-bien conſervés.

A deux cent pas de-là, en tirant vers le midi de la montagne, on rencontre une couche de ſable groſſier, mêlée de parties calcaires, dans laquelle il y a de grands ostracites à valves inégales, fort épaisses, très-longues, & formées par écailles minces. La valve inférieure est relevée, garnie d'un bec fort alongé recourbé extérieurement, avec un canal profond & étroit, à la naissance intérieure duquel s'adapte par une espece de charniere, la valve supérieure qui est un peu moins grande, plate, ou un peu convexe.

Au nord & tout-à-fait au bas de la Montagne il y a parmi plusieurs couches de pierres arenacées ou dans des bans de roches composées une quantité prodigieuse d'ossements d'animaux quadrupedes, plus ou moins bien conservés & pétrifiés.

La partie basse de la Montagne dans la direction du nord au midi présente plusieurs couches de marne blanchâtre, les unes pures, cretacées & calcaires, les autres légérement ſableuſes ou argileuſes. Toutes pourroient également ſervir d'engrais, ſi quelque perſonne intéreſſée aux progrès de l'Agriculture, qui languit dans la Province, vouloit tenter des expériences, & la faire connoître à nos Payſans agriculteurs. Mais on n'en tire aucun parti, parce qu'en Phyſique comme en Morale, il eſt d'anciennes erreurs que les préjugés ont rendu reſpectables aux yeux des perſonnes peu éclairées.

Montagne de Chatillon à un demi quart de lieue, au levant de ſaint-Paul-Trois-Châteaux.

Cette montagne peut avoir environ trois cents toiſes d'élévation, la baſe eſt composée de couches de ſable blanc ou coloré en rouge ou rouge brun. Au-deſſus on trouve une couche d'argile rougeâtre &

ferrugineuſe, dans laquelle il y a de très-petites geodes ferrugineuſes, formées par couches concentriques : la hauteur de cette montagne eſt terminée par un banc fort épais de roches compoſées, dans lequel on découvre au milieu d'une quantité immenſe de fragmens de ces rochers, 1°. Des gloſſopêtres triangulaires très-comprimées, dentelées en forme de ſcie ſur les bords, à baſe fourchue & oſſeuſe & qui ont conſervé le poli de l'émail. 2°. Des fragmens d'os, très-bien pétrifiés, qui faiſoient partie des côtes d'un animal quadrupede. 3°. Des pointes d'ourſins cilindriques, canellées & grenellées ; l'extrêmité par où elles s'adaptent au mamelon de l'ourſin eſt arrondi en forme de tête, percé au centre d'un petit trou, étranglé au-deſſus, ſurmonté par un petit bourrelet & terminé par une pointe tronquée. 4°. Des balanites ou glands de mer de la grande & moyenne eſpece.

Au nord & tout-à-fait au bas de cette montagne dans une petite élévation formée par des couches de ſable groſſier fortement lié par un ſuc lapidifique, on trouve 1°. des terebratules liſſes, longues, renflées par le milieu, dont la valve inférieure, qui eſt plus grande que la ſupérieure, a un bec recourbé & comme percé d'un petit trou. 2°. De petits échinites milliaires, couverts de très-petits mamelons, dont l'anus eſt diamétralement & perpendiculairement oppoſé à la bouche. 3°. L'ourſin appellé le bouton. 4°. L'ourſin élevé hémiſphériquement parfaitement rond dans ſon contour, marqué de cinq doubles rangs de petits trous, qui viennent aboutir à la baſe de l'ourſin, après s'être également éloignés les uns des autres. La bouche & l'anus sont placés sur la face la plus applatie. 5°. L'oursin en forme de cœur, applati d'un côté, convexe de l'autre, marqué de quatre lacunes peu profondes, garnies intérieurement de deux rangs de petits trous sur la partie la plus élevée. 6°. Des noyaux de corne d'ammon monstrueux. J'en ai un actuellement sous les yeux qui a vingt-trois pouces de diametre, & une épaisseur énorme. Les spirales du centre sont à gros tubercules & à grandes canellures; celles de la circonférence sont lisses & entiérement herborisées. J'en ai brisé un beaucoup plus grand, en voulant le détacher de ces couches de sable, auxquelles il étoit adhérent. J'en ai aussi retiré plusieurs autres de huit, dix, & de douze pouces. J'en ai envoyé un de ces derniers à Mr. Faujas de Saint-Fond, autour duquel on voit le tuyau ou ſiphon qui traverſe les concamérations ou cellules dont cette coquille eſt formée. J'en ai rompu d'autres dans le centre deſquels ſe ſont formées des cryſtalliſations quartzeuſes, dont les cryſtaux ſont héxagones & terminés par une pyramide. Ils font feu, étant frappés avec l'acier. 7°. Des noyaux de nautiles fort épais & très-gros, liſſes & chambrés, dans les cellules deſquels ſe ſont également formées des cryſtalliſations quartzeuſes ou ſpathiques. 8°. Une eſpece de fongite creux en forme d'entonnoir, accompagné intérieurement de cryſtaux en priſme héxagone. 9°. Des ficoïdes & des priapolites, eſpece de fongites. 10°. Enfin des huitres épineuſes orbiculaires, & parfaitement pétrifiées.

Montagne

Montagne de Venterol, à un quart de lieue au nord de St. Paul.

Cette petite Montagne paroît être un prolongement de celle de Clansayes, & en avoir été séparée par quelque courant de mer. Elle est en général formée par des couches de sable très-ferrugineux, dans lesquels on voit de très-grosses géodes d'un rouge brun formées par couches concentriques, & des masses considérables de grais d'un grain grossier. Au couchant au pied de la Montagne dans un banc de sable marin, on apperçoit une couche de corps marins bien intéressante aux yeux d'un vrai Naturaliste. On y trouve 1°. des cornes d'ammon à grandes stries & à petits tubercules, d'autres lisses & herborisées ; la substance de la coquille, quoique mince & très-délicate, est encore en son entier, l'intérieur en est vuide, on y apperçoit les articulations qui rentrent les unes dans les autres, & qui forment les cellules ou concamérations de cette coquille; elles sont traversées par un petit tuyau ou siphon, qui communique de l'un à l'autre. 2°. De petites arches de Noé avec leurs stries très-fines & bien conservées. 3°. De petits cames & des noyaux de moules. 4°. De petits buccins à tubercules, dont la coquille est encore parfaitement conservée. Des nerites, des limaçons & l'oursin appellé bouton. 5°. Enfin du bois pétrifié & ver-moulu.

Près de la ville de St. Paul-trois-Châteaux regne dans la direction du nord au midi une hauteur peu considérable. La premiere couche supérieure est composée en entier d'un aſſemblage de galets ou cailloux roulés tous vitreſcibles, parmi leſquels on trouve quelques fragmens de baſaltes également arrondis : cette couche peut avoir environ dix pieds d'épaiſſeur, & au-deſſous on trouve une ſeconde couche d'une épaiſſeur inconnue, compoſée de petites pierres calcaires & roulées, au centre de laquelle on rencontre un banc conſidérable & continu de pierres blanches, calcaires, entiérement compoſées de détrimens de coquilles & autres corps marins détruits. le grain en eſt groſſier, le tiſſu lâche, elle ſe décompoſe aiſément à l'air.

Entre cette élévation & Pierrelate la plaine eſt couverte des mêmes galets qui compoſent la premiere couche ſupérieure de la hauteur dont je viens de parler, parmi leſquels on trouve des baſaltes en colonnes , dont les angles n'ont point été assez arrondis par le roulis des eaux pour les méconnoître. On y rencontre en petit les mêmes accidents que dans ceux du Vivarais, tels que schorls verds, pouzolanes, pierres poreuses, laves, &c. &c. enfin les mêmes substances volcaniques, qu'on trouve dans la plaine de Montelimart. Cette observation conduit nécessairement à la conséquence, que le même courant qui a entraîné les masses énormes de basaltes & les poudingues volcaniques, que Mr. Faujas m'a fait observer dans les différentes parties du territoire de Montelimart, a également charié celles qu'on trouve ici : & cela paroît d'autant plus vraisemblable, que cette couche immense de galets ou cailloux roulés, se prolonge sans interruption & dans la même direction dans la Provence, le Dauphiné, le Lyonnois, la Bourgogne, &c. reste à observer si au-dessus de Montelimart on trouve les mêmes matieres volcaniques.

Je terminerai l'article concernant St. Paul-trois-Châteaux, par une observation sur une terre impregnée d'un sel de nitre qu'on trouve à un quart de lieue de la Ville au quartier appellé boulousfas. Cette terre est argilo-sablonneuse, d'un gris sale; les jours d'été après une rosée abondante, le sel se manifeste superficiellement, en forme de gelée blanche : aucun végétal ne peut croître ou du moins parvenir à un certain degré de maturité, dans l'endroit où ce sel est le plus abondant.

J'ai pris une certaine quantité de cette terre : je l'ai lessivée à l'eau chaude, j'ai suivi les mêmes procédés en petit, que ceux qu'on emploie en grand dans la pétrification du salpêtre. j'ai fait évaporer le produit de cette lessive, & lorsquelle a été cuite, au point de se congéler, je l'ai exposée à la fraîcheur d'une cave, & au bout de quelques jours, j'ai trouvé attachés aux parois & au fond du vaisseau, de petits crystaux de sel en prisme héxagone, terminés par une pointe aigue. Il imprime sur la langue un sentiment d'amertume & de fraîcheur, il fuse sur les charbons ardents, & tombe en efflorescence, s'il reste exposé à l'air.

J'envoyai un échantillon de ce sel à Mr. C... Médecin aussi distingué, que savant Naturaliste : après l'avoir examiné en Physicien éclairé, il m'assura » que c'étoit » un sel nitreux à base d'argille, » qu'il pouvoit bien y avoir encore » quelque mêlange de sélenite, » mais en petite quantité, & qu'il

» ne se manifestoit que d'une ma-
» niere incertaine, par les obser-
» vations même réitérées, &c. »

Il est facile de comprendre quels secours on pourroit retirer de cette terre précieuse si on parvenoit à priver le sel qu'elle contient de ses parties hétérogenes : c'est au chymiste éclairé & jaloux du progrès des connoissances humaines à la soumettre à l'analise, à indiquer d'une maniere précise quelle est la nature de ce sel, & enfin à déterminer l'usage qu'on en pourroit faire dans les Arts.

Montagne de Clansayes à une lieue au nord de St. Paul-trois-Châteaux.

Cette montagne sera fameuse dans l'Histoire du Dauphiné, par les secousses multipliées de tremblements de terre, qu'on y a éprouvé depuis le 8 Juin 1772 jusqu'au 7 Février 1773.

Elle est également intéressante par les beaux Fossilles & les pétrifications qui y sont répandues avec une extrême profusion, & c'est à cette partie que nous nous arrêtons uniquement; parce qu'elle entre seule dans le plan de ce Mémoire.

La montagne peut avoir environ cinq lieues de tour sur deux cents cinquante toises d'élévation, le village de Clansayes est bâti au midi & à la hauteur moyenne de la montagne. Au nord, & dans la partie basse est situé le village de Chantemerle; au levant celui de Chamaret : la montagne est formée en général, 1°. par des couches de sable marin diversement colorés en certains endroits, par quelques dissolutions martiales. 2°. D'un banc de roches compoſées très-étendu & d'une épaiſſeur immenſe. 3°. D'une couche d'argile fort épaiſſe, blanchâtre, mêlée de parties calcaires, dures & ſe diviſant par feuillets aſſez épais. Au levant on trouve une couche de pierres calcaires blanches aſſez dures & formées par des détriments de coquilles. Au ſud-eſt, la montagne eſt couverte de ſilex en petites maſſes d'un grain groſſier, qui frappées avec l'acier donnent des étincelles. Toutes ces différentes couches ſont paralleles & horizontales.

Dans différents prolongemens de la montagne du côté du midi, on trouve dans une couche de pierre calcaire blanchâtre, d'un grain très-groſſier, formée par feuillets minces & déſunis. 1°. L'échiniſte fibulaire. 2°. L'ourſin pas de poulain. 3°. L'ourſin de la mer rouge à grands mamelons relevés hémiſphériquement, dont l'anus est au centre de la face convexe, diamétralement & perpendiculairement opposé à la bouche. J'en ai trouvé un d'autant plus intéressant, que la matiere calcaire qui l'enveloppe tient fixées sur leurs mamelons cinq ou six pointes fort grosses & cylindriques de cet oursin. 4°. Des peignes tuilés & à petites stries. 5°. Plusieurs especes de madreporites fongites, en masses solides, marqués de petites étoiles. 6°. Du bois parfaitement bien agatisé d'un gris sombre, veiné, d'un rouge foncé.

Au-dessous à gauche du chemin qui conduit de St. Paul au village de St. Raphaël, dans une couche de sable grossier, lié ensemble par un suc lapidifique, il y a de très-gros cames dont les deux valves encore jointes ensemble, sont changées en matiere ſpathique, & des noyaux de nautiles chambrés, dans les différentes concamérations deſquels ſe ſont formés de petits cryſtaux de ſpath.

Au levant de la montagne, au nord de Chamaret ſous une couche de roches compoſées, on trouve un amas de corps marins détruits, dont la partie la plus conſidérable eſt de noyaux de cames & de moules, parmi leſquels on rencontre quelques balanites de la grande eſpece, bien conſervés, de grandes huitres oblongues, très-épaiſſes, formées par feuillets aſſez minces : au nord de la montagne il y a une très-grande quantité de noyaux de peignes, de petites arches de Noé, quelques ourſins. Mais le tout d'une conſervation médiocre.

Au-deſſus du village Chantemerle, on trouve quelques grands peignes à deux oreilles, à grandes canellures , dont la valve ſupérieure eſt plate ou convexe, & l'inférieure relevée hémiſphériquement. En ſe rapprochant du village de Clanſayes, dans la partie la plus élevée de la montagne on retrouve la meme eſpece de peigne dans une couche d'argile blanche mêlée avec des parties terreuſes & calcaires ; ils y ſont beaucoup mieux conſervés, les canellures ſaillantes, ſont à ſtries longitudinales, les creuſes ſont ſtriées tranſverſalement.

A un demi-quart de lieue du nord-eſt de Clanſayes à droite & à gauche du chemin qui conduit à Grignan dans des débris d'une couche de pierre calcaire blanche & très-tendre, on trouve. 1°. De petits peignes orbiculaires dont les deux valves ſont convexes, avec des canellures profondes, marquées de ſtries très-délicates, ils ont deux oreilles égales & ſont de la plus belle conſervation. 2°. Des peignes tuilés d'une grandeur monſtrueuſe, dont les deux valves ſont égales & convexes. 3°. Des huitres épineuſes orbiculaires. 4°. De petits ourſins milliaires. 5°. L'ourſin en forme de cœur & l'échinite fibulaire. 6°. Enfin des madrepores en forme de branche d'arbres & d'arbriſſeaux, & des madreporites fongites.

Derriere le village, dans quelques fragmens de roches composées, on rencontre beaucoup de gloſſopêtres coniques à baſe plate ou fourchue, d'un pouce ou un pouce & demi de longueur, des groupes nombreux de milleporites. J'en ai vû un au centre duquel ſe trouve un balanite de la plus grande eſpece.

Dans un ravin très-profond au couchant du village, dans des

couches de ſable légérement argileux on trouve des géodes ferrugineuſes d'une groſſeur prodigieuſe, formées par couches concentriques, dont la cavité eſt occupée par un ſable très-fin également ferrugineux.

A deux cents pas vis-à-vis de ce ravin on rencontre un banc énorme de ſable marin très-pur, d'une étendue conſidérable, & d'une épaiſſeur immenſe, dans pluſieurs endroits duquel on trouve une couche très-ſinguliere entiérement formée par des corps marins briſés & confondus enſemble, ou bien par des noyaux qui ſe ſont moulés dans différentes eſpeces de coquilles; le tout eſt réuni en certains endroits & fortement lié enſemble par un gluten lapidifique, pénétré d'une diſſolution martiale. On ne remarque aucun ordre dans cette couche; tantôt elle eſt verticale, & tantot parallele : ici elle eſt épaiſſe & continue, là mince & iſolée. Toutes les eſpeces y ſont confondues enſemble. On y trouve de petits gloſſopêtres, des belemnites, du bois pétrifié & vermoulu, des corallites de toute eſpece, des ourſins, des huitres; des terebratules, des peignes, des nerites, &c. &c. En un mot l'ordre des couches eſt ici totalement interrompu, l'obſervateur étonné croit voir le reſte du déſordre cauſé par une irruption ſubite de quelque courant de mer. On peut préſumer que ce courant après avoir rompu la digue qui s'oppoſoit à ſes efforts, aura entraîné avec violence & amoncelé pêle mêle, dans cet endroit & parmi ces ſables, tous les corps marins qui avoient été accumulés contre la barriere qui les retenoit. De l'autre côté du ravin, au couchant, dans un prolongement du même banc de sable, on retrouve la même couche toujours dans le même désordre.

A cent pas de-là, le parallélisme horizontal des couches se rétablit; on trouve dans un sable légérement argileux & dans des couches de pierres arenacées d'un pied & demi d'épaisseur des belemnites, dont les plus longues ont environ quatre pouces six à huit lignes de diamêtre, les plus petites sont de la grosseur d'un tuyau de plume de pigeon. Elles sont de couleur grise tirant sur le roux. La substance en est cornée, elles sont formées par rayons paralleles qui partent du centre & divergent vers la circonférence. On y observe une petite canellure extérieure & peu profonde qui se prolonge dans toute la longueur du belemnite; il y en a qui ont une demi-transparence qui laisse appercevoir l'axe

ou

ou une espece de petit siphon qui part de l'extrêmité supérieure de l'alveole & se termine tout-à-fait à la pointe du belemnite. Ils ont tous à leur base une cavité ou alveole occupée par une articulation conique, formée par un assemblage de petites pierres, très-luisantes, faites en forme de verre de montre qui seroient proprement enchassés les uns dans les autres, & qui iroient en diminuant, depuis la base, jusqu'à la pointe supérieure.

En posant le belemnite perpendiculairement sur sa base & frappant un coup de marteau sur la pointe, il se fend longitudinalement, & l'articulation conique se séparant de la cavité, laisse appercevoir distinctement une substance selenitique parfaitement analogue à celle des coquilles qui tapissent les parois intérieurs de l'alveole.

M. Bourguet dans ſes Lettres philoſophiques, ni M. Bertrand dans ſon Dictionnaire des Foſſiles, ne diſent point qu'ils aient fait la même obſervation dans les différentes belemnites qu'ils ont été à portée d'examiner : elle me paroît cependant bien intéreſſante, puiſqu'elle peut ſervir à déterminer d'une maniere certaine, le régne & même la famille à laquelle appartient ce Foſſile ſingulier. Les différentes pieces qui compoſent l'articulation conique ſe diviſent aiſément. Elles ſe ſéparent même de l'alveole & y ſont ſouvent remplacées par un noyau compoſé des mêmes ſubſtances de la couche où on les trouve, ou bien par de petites cryſtalliſations. On voit quelques-uns de ces belemnites recouverts de vermiculites, ou piqués par ces petits inſectes marins qui attaquent tous les coquillages.

Comté de Suze à une lieue & demie au levant de St. Paul-Trois-Châteaux.

La terre de Suze étoit aussi peu connue, que les montagnes des environs de St. Paul : elle mérite cependant toute l'attention du Naturaliste. On n'y rencontre point de hauteurs considérables ; tout se réduit à de petites élévations formées par des couches de sable, de pierres calcaires, de pierres arenacées &c. Je ne parlerai que des couches qui renferment quelques Fossiles ou pétrifications intéressantes.

En entrant dans la forêt de Suze, par le chemin qui conduit de St. Paul à Bouchet, on rencontre une couche de pierres arenacées d'un pied ou un pied & demi d'épaisseur, se divisant en petites masses irrégulieres, dans lesquelles il y a une infinité de térébratules, composées d'écailles très-minces & unies; la valve supérieure est plus petite que l'inférieure, elle est munie d'un petit bec recourbé sur la premiere, & percé d'un petit trou. On y trouve encore l'ostreopectinite, qui est une térébratule sillonnée ou à petites stries, rondes & renflées par le milieu, les unes & les autres sont souvent crystallisées intérieurement.

Le même chemin conduit au grand étang de Suze, au couchant duquel il y a dans une couche d'argile sablonneuse colorée en rouge, du bois parfaitement agatisé d'un rouge très-vif, d'un grain trés-fin, souvent accompagné de petites crystallisations, ou qui semble avoir été piqué par des vers d'une très-grosse espece.

Au nord du même étang, on

voit une grande couche de pierre calcaire, d'un tissu fort lâche, d'un grain grossier, formée en entier par des détrimens de coquilles ou par d'autres dépouilles de l'Océan, dans laquelle il y a 1°. des échinites fibulaires sur la plûpart desquels se sont attachées de petites balanites parfaitement bien conservées. 2°. Des pointes d'oursin, courtes, fort épaisses, ovales, à tête arrondie, striées longitudinalement, ayant un petit pédicule qui leur donne une ressemblance parfaite avec le gland du chêne.

Au levant est une couche de matiere calcaire, également formée par des corps marins confondus & broyés ensemble, unis & aglutinés par un suc lapidifique. On y trouve plusieurs especes de coquilles Fossiles encore entieres, comme le grand peigne tuile, dont les deux valves sont également relevées, formées par feuillets & à ſtries tranſverſales; de petits peignes à deux oreilles avec des canellures profondes ſtriées longitudinalement; de grandes coquilles d'huîtres orbiculaires &c. &c.

A droite, un peu au-deſſous du même chemin, au bas d'une petite élévation formée en partie par des couches compoſées de noyaux de moules, fortement liés enſemble, ſur la plûpart deſquels on voit de petites cryſtalliſations ſpathiques, on trouve à un pied de profondeur, une couche de ſable argilleux, remplie d'une quantité étonnante de coquilles d'huîtres Foſſiles de la plus belle conſervation. Elles ſont très-grandes, ordinairement orbiculaires, formées par feuillets, liſſes ou raboteuſes, la valve ſupérieure eſt plus petite que l'inférieure, elle eſt plate ou concave; l'inférieure eſt convexe

& munie d'un bec court & arrondi. Les deux valves sont jointes ensemble par une espece de charniere placée à la partie intérieure du bec arrondi. On en trouve plusieurs réunies ensemble, qui forment des groupes très agréables; d'autres ont été piqués par de petits insectes & par des dails : dans quelques-unes qui se sont trouvées vuides, il s'est formé de petites stalactites d'une substance blanche & cretacée.

A un quart de lieue au couchant du village de Suze, dans des couches de sable terreux qui forment une petite monticule près d'une vieille Chapelle ruinée appellée St. Sauveur ; on trouve des glosso-pêtres semblables à ceux de Malthe, d'une grandeur monstrueuse, j'en ai une sous les yeux trouvée dans cet endroit & qui m'a été confiée par M. Ribail l'aîné habitant à Suze, amateur qui possède une très-jolie collection de coquilles & plusieurs autres morceaux très-curieux d'Histoire Naturelle. Elle est parfaitement triangulaire, les côtés en sont minces, grenelés en forme de scie, & terminés par une pointe fort aigue ; sa racine est fourchue, épaisse, fibreuse & osseuse. Le reste est recouvert d'une croute mince grisâtre & qui a conservé le poli de l'émail. Les côtés & la base ont trois pouces & dix lignes de grandeur (*a*) ; on

(*a*) L'Anatomie comparée a convaincu les Naturalistes que ces grandes dents Fossiles, triangulaires, qu'on trouve en si grand nombre dans le sein de la terre, avoient appartenu au requin, ou à la lamie, poissons du genre du cetacée. J'en ai cinq naturelles qui ont été arrachées de la machoire inférieure d'un requin, qui fut pris sur les côtes de la Guinée. La plus grande est triangulaire, à base fourchue. Elle a quatre pouces neuf lignes de hauteur. Les autres sont un peu moins grandes, mais elles n'ont d'ailleurs aucune différence essentielle.

y trouve auſſi quelques groupes de grands balanites très-bien conſervés.

A cinquante pas de-là au couchant de la Chapelle dans une couche de pierre arenacée, il y a des ourſins plats très-minces bien conſervés, exactement ſemblables pour la forme générale à ceux que j'ai décrits ci-devant, mais qui offrent une ſingularité remarquable. Ils ſont tous percés de deux

---

La grandeur de ces dents ne doit pas étonner, puiſqu'il y a des requins, d'une taille ſi monſtrueuſe, & dont l'æſophage eſt ſi prodigieuſement large, qu'on a trouvé un homme tout entier dans l'eſtomac d'un de ces animaux les plus voraces qu'on connoiſſe. On en a vu au rapport de Rondelet, qui peſoient trente mille livres. Des navigateurs François en ont vu auſſi dans la mer d'Afrique, qui avoient plus de 30 pieds de long. Ils ſuivoient quelquefois leurs navires, juſques ſur les côtes des Antilles, pour ſe nourrir des Negres qui mouroient à bord, & qu'on jettoit à la mer pendant la traverſée.

trous d'égale grandeur, de trois lignes de diamêtre, à un pouce environ de distance l'un de l'autre : c'est entre ces deux trous qu'est constamment placé l'anus de cet oursin ; c'est ici une variété bien caractérisée de ceux dont on trouve l'analogue au banc de Terre-neuve, on pourroit les nommer oursins à lunettes. (*a*)

Je vais successivement jeter un coup d'œil sur les montagnes de Boulene, d'Uchaud, de Taulignan, de Dieulesit & de la montagne de la Lance ; les productions marines qui y sont répandues avec une magnifique profusion, ayant beaucoup de rapport avec celles qu'on trouve dans les montagnes de St.

(*a*) Il me paroît que l'Histoire des Oursins présente dans la nature plus de variété que les autres animaux d'une même classe. Malgré l'Ouvrage de M. Klein traduit en François par M. Desbois, je serois porté à croire qu'il n'y en a pas la moitié de connus.

Paul, les Amateurs me ſauront gré de leur en avoir donné une idée, pour ne pas tomber dans des répétitions faſtidieuſes; je me bornerai à décrire les objets qui ne ſe trouvent point dans les environs de St. Paul & à indiquer les autres ſeulement par leurs noms.

Boulene eſt une petite ville du Comté Venaiſſin, ſituée à une lieue & demie au midi de Saint-Paul-trois-Châteaux. Dans une partie de ſon territoire, appellée ſaint Eyriés, le long d'un torrent qui coule entre deux montagnes voiſines, parmi de grandes couches d'argile groſſiere, de couleur bleuâtre, mêlée d'un peu de ſable très-fin & luiſant, légérement vitriolique, ſe diviſant par feuillets, on trouve. 1°. Des cames Foſſiles d'une grandeur monſtrueuſe & d'une épaiſſeur conſidérable; la conſervation en eſt unique, elles ſont orbiculaires dans leurs contours, quelquefois un peu plus larges que longues. Les deux valves ou battants ſont également convexes, & réunis par une charniere dentée. Elles ſont liſſes ; marquées alternativement de bandes longitudinales, griſes & blanches, les bords en ſont ondés, il eſt rare de trouver les deux pieces d'une même coquille. 2°. De petits cames canellés & à bec un peu contourné. 3°. Des vis contournés en ſpirales peu profondes, terminés par une petite pointe fort aigue, & marqués de petites ſtries autour des ſpirales. 4°. Une autre eſpece de vis à bouche fort allongée, renflés dans le milieu du corps, dont les ſpirales ſont couvertes de canellures tuberculeuſes. 5°. Des zones ou globoſſites à une ſimple ſpirale dont la levre eſt fort épaiſſe & repliée extérieurement, au-deſſus de laquelle regne une petite bande d'un gris sombre. Le reste du test est blanc & uni. 6°. Des astroïtes Fossiles formés par un assemblage de tuyaux cylindriques & paralleles ; marqués chacun d'une étoile à plusieurs rayons qui partent de la circonférence de chaque tuyau & viennent aboutir à un petit point placé au centre. La substance en est calcaire & de couleur blanche ; elles sont communément percées par des dails, dans les trous desquels se sont nichés d'autres petits coquillages. 7°. Des dentales de la famille des tuyaux de mer, il sont recourbés, de figure conique, longs & étroits, marqués de petites canellures longitudinales, divisés par nœuds ou petites cloisons circulaires où ils se séparent en se brisant. 8°. Des buccins fort gros à plusieurs spirales fort alongées avec un appendice à la bouche ;

le fust est couvert de gros tubercules.
9°. Enfin du bois Fossile réduit en charbon couvert d'une croute piriteuse : exposée à l'air, elle tombe en efflorescence, elle s'enflamme promptement au feu & y répand une odeur suffocante.

A une petite lieue de-là dans la montagne d'Uchaud que plusieurs Naturalistes distingués ont déjà visitée, on trouve une quantité prodigieuse de madreporites & de plantes corallites si parfaitement pétrifiées qu'elles donnent des étincelles. Il y a entr'autres, de petits fongites : les uns sont en forme de cones un peu comprimés, à bouche évasée, striés & entrecoupés extérieurement par de petites canellures circulaires. L'intérieur est un assemblage de petites lames fort minces & séparées les unes des autres. Les autres sont en forme de chapeau détroussé, parfaitement orbiculaires., le dessus est un peu concave, & marqué par des stries circulaires qui différent entr'elles dans leur grandeur & leur distance. La face inférieure est un peu convexe, sans pédicule, formée par un assemblage de lames minces séparées les unes des autres & qui s'étendent du centre vers la circonférence. Ils sont dans une espece de grais d'où on peut les détacher aisément. Les pétrifications qu'on trouve dans la même partie de la montagne, consistent. 1°. En de petites arches de Noé de la plus belle conservation, avec leurs stries & leurs deux valves jointes ensemble. 2°. Des cames canellées & épineuses. 3°. Des cornes d'ammon très-minces tranchantes sur les bords, & herborisées ; de petites cornes d'ammon à stries très-délicates.

Un peu plus loin, tirant vers le midi de la montagne on trouve des maſſes de grais remplies de coquilles de toute eſpece, & qui forment des gateaux on ne peut pas plus curieux ; les vis, les ſabots, les globoſites, les buccins, les nerites, &c. &c. s'y trouvent mêlés & confondus enſemble, & cependant la conſervation en eſt remarquable ; ils ſont ſi fortement attachés à ces maſſes de grais, qu'on ne peut les en détacher ſans craindre de les briſer.

Au couchant à deux cents pas de-là on voit d'autres maſſes de grais par couches paralleles, remplies d'une quantité étonnante de cames liſſes bien conſervées, & donnant des étincelles. Parmi les débris de ces couches de grais on rencontre des groupes très-gros de vermiculites & des morceaux de bois agatiſés, le tout cryſtalliſé ; enfin toute cette partie de la montagne ne préſente que des corps marins pétrifiés; on ne peut faire un pas sans fouler aux pieds les dépouilles de l'Ocean. Les couches de grais qui la composent en sont totalement couvertes ; le sable en est rempli ; il n'est peut-être aucune montagne du monde , dans laquelle on trouve une aussi grande profusion de Fossiles. La pétrification est d'ailleurs parvenue à son dernier degré de perfection ; toutes les coquilles qui sont dans cette montagne ne donnent aucune prise aux acides , & font feu frappées avec l'acier ; le grais qui leur sert de matiere , fait effervescence avec le vinaigre , & sur-tout avec l'acide nitreux.

Taulignan village assez considérable du bas Dauphiné est situé au pied de la montagne de la Lance , la plus élevée de cette partie de la Province. Il est bâti sur des couches de pierres calcaires , entiérement formées de noyaux de moules ou autres productions marines. A un quart de lieue au nord du village il y a une couche considérable de pierres formées en entier par des plantes coralloïdes. Ces pierres ſont parfaitement agatiſées au centre. Elles ont une demi-tranſparence, & donnent des étincelles. La ſuperficie offre encore des reſtes de ſcares, de keratophites & de retepores bien caractériſés.

A côté dans une couche d'argile ſablonneuſe, il y a des pierres orbiculaires dans leurs contours, plates d'un côté, un peu convexes de l'autre, également agatiſées, ſur les faces deſquelles on obſerve des filamens en faiſceaux, ſemblables à des cheveux qui partent du centre & ſe développent vers la circonférence, après avoir décrit pluſieurs ſinuoſités. C'eſt apparemment une eſpece de madreporites fongites, ou bien une espece particuliere de méandrite.

On voit encore dans la même couche de petits peignes & des oursins milliaires.

Au levant du village sur la montagne qui est à la rive droite d'une petite riviere nommée le Lez, au-dessus du Pont-au-Jard, on trouve dans une couche de marne sablonneuse & terreuse, 1°. Des échinites mamillaires de la plus belle conservation. 2°. l'Échinite fibulaire, 3°. Des écussons des oursins de la mer rouge à grands mamelons, 4°. L'oursin en forme de cœur désigné sous le nom de *Spatagus*, ou *Bissus*, 5°. Des pointes d'oursins cylindriques striées & grenelées : l'extrêmité par où elle est attachée au mamelon de l'oursin est arrondie en forme de tête, percée d'un petit trou au centre, étranglée au-dessus de l'arrondissement avec un petit bourelet au-dessus de l'étranglement ; l'autre extrémité est en forme de couronne antique à plusieurs rayons, fort aigus. 6°. Plusieurs petits peignes, sur lesquels se sont attachés des madreporites fongites en masse solide. 7°. Enfin plusieurs espèces de plantes coralites. C'est Mr. Faujas de St. Fond qui m'a indiqué cet endroit, ainsi que celui dont je vais parler.

A une lieue de-là dans un grand ravin au bas de la montagne de la Lance, dans des couches immenses d'argile bleuâtre grossiere, légérement vitriolique mêlée d'un peu de sable très-fin, on trouve 1°. De petites cornes d'ammon changées en pyrites ferrugineuses, vitrioliques & sulphureuses ; elles sont lisses, & très-bien herborisées. 2°. Des belemnites d'une moyenne grosseur, analogues à ceux que j'ai décrit ci-devant ; ils sont pénétrés d'un suc bitumineux qui leur a donné une couleur noirâtre. 3°. Des pyrites sulphureuses vitrioliques & ferrugineuses.

On apperçoit dans le même ravin sur un plan très-incliné, un joli pavé formé par un assemblage de pierres Fossiles de six à dix pouces de longueur, sur trois & quatre de largeur & deux pouces d'épaisseur, qui semblent avoir été ajustées au niveau ; la substance en est calcaire, de couleur blanchâtre, d'un tissu serré & d'un grain médiocrement fin ; au-dessous de ce premier pavé, il y en a un second séparé du premier par une couche de marne blanchâtre d'un pouce d'épaisseur, celui-ci ne diffère de l'autre que par les proportions des pierres dont il est formé, qui sont de moitié plus petites dans toutes leurs dimensions.

Le village de Dieulefit est à deux lieue de Taulignan, au nord de la Lance. A un quart de lieue, & au levant du village, dans la partie du territoire appellée Mallemort, parmi des couches de pierres calcaires blanches, d'un tissu lâche, d'un grain assez fin, se divisant verticalement en masses irrégulieres, il y a des cœurs ou boucardites d'une belle conservation. Les deux battans sont d'égale grandeur, & également relevés; ils sont marqués de petites canellures, & garnis d'une arête saillante dans la partie où les deux battans se réunissent. La substance primitive de la coquille est entiérement changée en spath crystallisé, en rayons paralleles entr'eux.

Dans la partie de la même montagne qu'on appelle les serres de mondon, on trouve des pierres colorées en verd, composées d'un ſable fort aiſé à diſtinguer. Elles ne ſont point luiſantes dans leur fracture ni d'une figure déterminée ; elles ne reçoivent aucun poli, elles ſont par couches de différente épaiſſeur & ont la même dureté entr'elles ; leur caractere diſtinctif conſiſte 1°. Dans leur couleur qui eſt d'un beau verd, 2°. Dans leurs parties intégrantes, qui ſont un ſable paſſablement fin aglutiné par un ſuc lapidifique calcaire. 3°. Dans le genre particulier de plantes coralloïdes qu'on obſerve dans leurs caſſures, qui reſſemblent aux tiges du fucus & dont la couleur eſt d'un verd un peu moins foncé. 4°. Enfin dans les petites coquilles qu'on y trouve comme peignes, cames, &c.

Au couchant du village, au bas d'une haute montagne, on trouve de grandes couches d'argile groſſiere, bleuâtre, mêlée d'un peu de ſable très-fin & luiſant, ſur la ſuperficie de laquelle ſe manifeſtent en forme de gêlée grumelée, blanche ou jaunâtre, des émanations abondantes de vitriol : cent livres de cette argile leſſivée & le produit des leſſives mis en évaporation donnent douze à quinze livres de beau vitriol de mars, quoique le procédé qu'on emploie ſoit très-vicieux. On y trouve encore des pyrites vitrioliques, ſulphureuſes & ferrugineuſes, du bois réduit en charbon (*a*), couvert d'une croute

---

(*a*) L'ordre qu'on obſerve parmi ces couches d'argile, & dans toutes les couches de pierre & de terre qui les avoiſinent, le parallélisme horizontal qu'elles conſervent entr'elles, ne laiſſent aucun doute ſur les cauſes qui ont pû changer, le bois qu'on y trouve, dans l'état charbonneux. Je penſe qu'on ne doit point l'attribuer à des feux ſouterrains ou accidentels que rien n'annonce avoir eu lieu, mais ſeulement aux vapeurs d'acide vitriolique préparé dans le laboratoire immenſe de la nature. Ces vapeurs venant à

pyriteuse. Cette croute exposée à l'air tombe en efflorescence ; elle s'enflamme promptement au feu, & répand alors une odeur de foie de soufre, fétide & suffocante. Un spath fusible & transparent, formé par feuillets très-minces. Au fond du ravin au-dessous des couches d'argile, jaillissent deux sources d'eau minérale, l'une cuivreuse, l'autre vitriolique, ce qui les met dans la classe des eaux acidules.

Dans plusieurs autres endroits du territoire de Dieulesit on ren-

---

pénétrer les matieres combustibles, dans leur état naturel, produisent sur elles les mêmes effets que le feu qu'on pourroit immédiatement leur appliquer, & les réduisent en charbons. Celui-ci ne différe du charbon ordinaire, que par la flamme légérement bleuâtre dont il paroit enveloppé, lorsqu'il est exposé au feu, & par l'odeur suffocante de foie de soufre qui s'en dégage. Les charbon de bois Fossile, que j'ai trouvés dans des couches d'argile, infiniment moins vitrioliques à St. Eyriés près de Boufene, ont sans doute la même origine.

contre plusieurs especes de corps marins pétrifiés, comme des terebratules lisses & renflées par le milieu, des oursins orbiculaires relevés hémisphériquement, des pointes d'oursins, &c. &c.

Au village de Comps à une lieue de Dieulefit on trouve des pierres qui ont la forme d'un œuf, dont le diametre varie depuis six lignes jusqu'à trois pouces. Elles sont très-pesantes, d'un gris sombre, raboteuses & ternes. Elles ne donnent point d'étincelles; elles ne font point effervescence avec les acides. Dans l'intérieur de la pierre est un talc crystallisé en lames très-minces, également inattaquable par les acides. Cette pierre paroit avoir tous les caracteres qui font distinguer les pierres phosphoriques de Bologne. Je ne doute presque pas qu'en leur faisant subir un certain degré de calcinanation, elles ne produisissent le même phénomene.

Os Fossiles.

Les os Fossiles qu'on a trouvé dans les entrailles de la terre forment un des points les plus importants de la théorie de ce globe. La très-grande quantité qu'on en a découvert dans l'ancien & dans le nouveau continent, leur grosseur prodigieuse qui a fait juger à tous les Naturalistes qu'ils avoient appartenu à des quadrupedes de la premiere grandeur, la taille moyenne des animaux qui existent aujourd'hui en Europe, & dans le nouveau monde; toutes ces observations réunies ont donné lieu aux discussions les plus sérieuses & aux systêmes les plus extraordinaires.

Je laisse la décision de ce point extrêmement difficile aux Savans du premier ordre. Sans m'attacher à aucune des différentes hypotheſes auxquelles il a donné lieu, je me bornerai à ſuivre les obſervations qui ont été faites à ce ſujet, & celles que j'ai faites moi-même ſur les lieux où j'ai découvert les os Foſſiles dont je donnerai ſimplement la liſte.

L'Auteur des Recherches ſur les Américains en parlant des os Foſſiles trouvés à fleur de terre dans le nord de l'Amérique, proche l'Hio, s'étonne qu'ils aient pu ſe conſerver pendant un laps de tems qui ſuffiroit, comme il le dit lui-même, pour décompoſer les plus hautes montagnes. Ce Savant dont j'admire les vaſtes connoiſſances & la profonde érudition, n'a pas ſans doute réfléchi que tout, dans la nature, tendant à ſon niveau, les pluies, la chûte des eaux ſupérieures, les torrents, les fleuves auront entraîné les premieres couches de terre qui recouvroient ces os, & les avoient décharnés depuis peu. Il est indubitable que si ces os avoient été exposés au contact de l'air ambiant, ils auroient été bientôt détruits ; mais dès qu'ils ont été enfouis dans la terre, soit par quelque alluvion ou atterrissement considérable, soit par la chûte de quelque montagne, ou l'éruption de quelque volcan, ils ont pû se conserver bien plus long-tems encore à l'abri des vicissitudes du climat le plus apre ; d'autant plus que la substance des os est solide & pierreuse.

Parmi les ossements Fossiles que j'ai découvert dans les montagnes du bas Dauphiné, les unes étoient à fleur de terre épars çà & là, les autres dans des couches de sable, de pierres arenacées, de gravier très-menu lié par un suc lapidifique, & dans des bancs de roches composées. J'ai examiné des côtes d'un volume considérable ; j'en ai vu dont une partie avoit été dénaturée & entiérement changée en pierre, tandis que l'autre étoit encore filamenteuse, spongieuse & osseuse.

Les couches de sable, près du hameau de Barri, où j'ai trouvé des ossemens Fossiles en plus grande quantité que par-tout ailleurs, n'ont éprouvé aucune altération sensible. Elles sont paralleles à l'horizon, elles conservent la même épaisseur & la même homogénéité dans toute l'étendue où j'ai pu les observer & les mesurer.

Ces ossemens y ont donc été entraînés avec le sable dont les couches sont composées. Je dis entraîné & je le présume ainsi, parce que parmi les différents os qui doivent concourir à former un seul ſquelette, j'en ai trouvé de beaucoup plus petits deſtinés aux mêmes fonctions dans des individus d'une autre eſpece.

Les différentes vertebres, les côtes & autres fragmens d'os que j'ai retiré des roches composées de pierres arenacées, ou des couches de gravier pétrifié, étoient iſolés, plus ou moins changés en pierres, & plus ou moins bien conſervés. Il s'enſuit néceſſairement qu'ils ont été entraînés ou dépoſés dans ces différentes couches dans le moment où elles étoient encore dans un état de molleſſe, ce qui ſuppoſe une très-grande antiquité, & ce qui prouve en même-tems que les oſſemens peuvent ſe conſerver très-long-tems enfouis dans la terre.

CATALOGUE

Des os Fossiles découverts près du hameau de Barri, dans une couche de sable.

1°. La premiere vertebre du cou, nommée atlas. Elle est formée d'un cercle osseux, rempli tout autour d'éminences & de cavités : on observe au milieu de la partie antérieure de cette vertebre, une petite éminence, & dans la face interne vis-à-vis cette éminence, une cavité superficielle, sur laquelle l'apophise odontoïde est appuyée à la partie moyenne & postérieure de ce cercle osseux ; on découvre un tubercule marqué d'impressions musculaires. Ce tubercule paroit ici tenir lieu d'apophise épineuse.

2°. Une vertebre des lombes à laquelle

laquelle on diſtingue parfaitement le corps & le trou qui donne paſſage à la moëlle épiniere. On y voit les ſept apophiſes : l'épineuſe, les deux traverſes & les quatre obliques ou articulaires.

3°. Un fragment de la ſeconde piece, qui forme le ſternum aux parties latérales, duquel on apperçoit deux échancrures, qui reçoivent la partie cartilagineuſe des côtes.

4°. Des fragmens d'un grand nombre de groſſes côtes, parmi leſquels il s'en eſt trouvé trois des vraies & bien entieres, auxquelles on diſtingue le corps & les deux extrêmités. On apperçoit à celle qui eſt antérieure la cavité qui reçoit la portion cartilagineuſe qui la joint au ſternum ; la partie poſtérieure, qui eſt entiérement changée en pierre, eſt terminée par l'éminence nommée condyle.

5°. L'os ſacrum, & les deux os des iſles qui par leur union forment ce qu'on nomme le baſſin.

6°. L'extrêmité ſupérieure du femur dans laquelle on voit le grand & le petit trochantes avec les impreſſions muſculaires.

7°. L'angle antérieur de l'oucoptale terminée par la cavité glénoïde.

8°. L'extrêmité inférieure de l'humerus, à laquelle on obſerve la cavité qui reçoit l'apophiſe coronoïde du cubitus dans la flexion de l'avant-bas, & celle qui reçoit l'olécrane dans l'extenſion.

9°. Un fragment du perorié.

10. Une partie de l'os du tarſe.

Os Foſſiles trouvés près de St. Reſtitut dans des couches très-dures de roches compoſées.

1°. La premiere piece du ſternum, aux parties latérales de laquelle on obſerve plusieurs échancrures dont la ſupérieure, qui eſt la plus conſidérable, eſt deſtinée à recevoir une des extrêmités de la clavicule, & les autres la partie cartilagineuſe des deux premieres côtes.

Cet os n'a eſſuyé aucune altération ſenſible, on y apperçoit encore la ſubſtance ſpongieuſe & reticulaire des os.

2°. Une vertebre dorſale; ſon apophiſe épineuſe eſt très-bien conſervée. On obſerve une partie de cette eſpece de crête qui regne le long de ſa partie ſupérieure, & la rainure qu'elle a eu deſſous. Les apophiſes traverſes & obliques ſont totalement détruites, mais on apperçoit encore aux parties latérales de cette vertebre les cavités deſtinées à recevoir le condile des côtes.

Cette vertebre eſt ſenſiblement

pétrifiée ; ce n'eſt plus qu'à l'extrêmité de ſon apophiſe & à la ſuperficie de ſon corps qu'on diſtingue un reſte de ſubſtance oſſeuſe & ſpongieuſe. (*a*)

3°. Un fragment d'une vertebre des lombes.

4°. Trois des vraies côtes auxquelles on apperçoit leurs condiles & l'extrêmité antérieure.

Elles ont été retirées d'une couche de gravier très-menu & vitrifiable, fortement aglutinés enſemble par un ſuc lapidifique.

(*a*) L'obſervation & l'expérience démontrent tous les jours que la pétrification des corps organiſés enfouis dans la terre, commence toujours par le centre, ce qui les diſtingue eſſentiellement des incruſtations pierreuſes qui ſont des concrétions feuilletées, attachées ſur divers corps, dont l'augmentation extérieure s'opére par juxta-poſition. On les diſtingue entre elles par rapport à la nature des ſubſtances dont elles ſont compoſées, des diſſolutions minérales qui les ont pénétrées, & même des corps ſur leſquels elles ſont attachées.

5°. Enfin plusieurs fragmens des autres parties qui concourent à former un squelette, auxquelles on ne sauroit assigner leurs places; elles ont été si mutilées qu'elles sont devenues méconnoissables.

Dans la partie de la montagne de Ste. Juste, située au nord, dans une couche de pierre arenacée, j'ai encore découvert une quantité prodigieuse d'ossemens Fossiles entiérement pétrifiés, mais absolument brisés.

Dans différentes parties de la montagne de Clansayes, dans celle de Chatillon, dans le Comté de Suze, on trouve également des os Fossiles, mais d'une conservation au-dessous du médiocre.

FIN.

TABLE DES MATIERES.

Fin de la Table.

www.ingramcontent.com/pod-product-compliance
Ingram Content Group UK Ltd.
Pitfield, Milton Keynes, MK11 3LW, UK
UKHW021112200726
13857UKWH00003B/1204